● 花椒产业精品教材

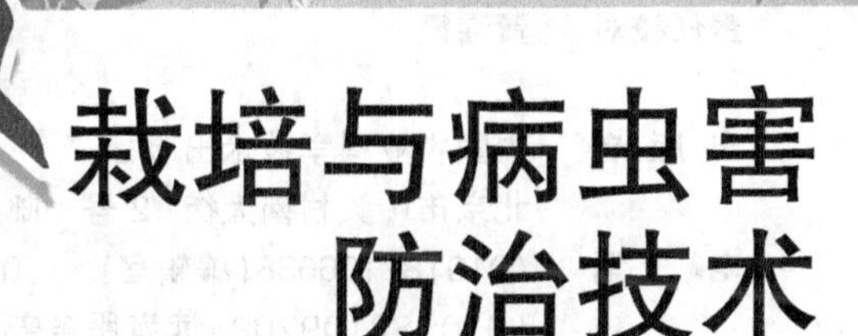

# 花椒栽培与病虫害防治技术

◎ 李优 韩强 秦波 主编

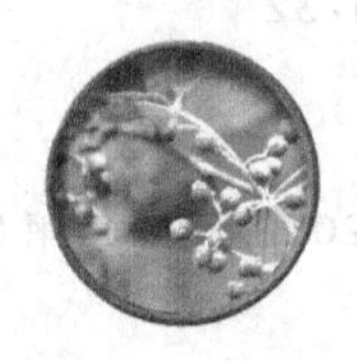
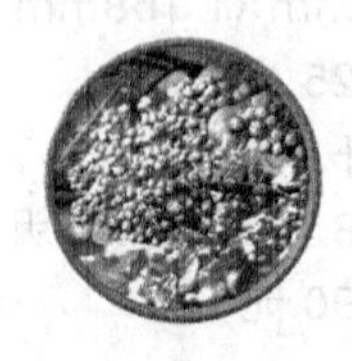

中国农业科学技术出版社

**图书在版编目（CIP）数据**

花椒栽培与病虫害防治技术 / 李优，韩强，秦波主编 .—北京：中国农业科学技术出版社，2018.5

ISBN 978-7-5116-3624-9

Ⅰ.①花… Ⅱ.①李…②韩…③秦… Ⅲ.①花椒-栽培技术②花椒-病虫害防治 Ⅳ.①S573②S435.73

中国版本图书馆 CIP 数据核字（2018）第 073225 号

**责任编辑** 白姗姗
**责任校对** 贾海霞

**出 版 者** 中国农业科学技术出版社
北京市中关村南大街 12 号 邮编：100081
**电 话** (010)82106638(编辑室) (010)82109702(发行部)
(010)82109709(读者服务部)
**传 真** (010)82106650
**网 址** http://www.castp.cn
**经 销 者** 各地新华书店
**印 刷 者** 北京建宏印刷有限公司
**开 本** 850mm×1 168mm 1/32
**印 张** 3.625
**字 数** 51 千字
**版 次** 2018 年 5 月第 1 版 2020 年 10 月第 8 次印刷
**定 价** 29.90 元

# 《花椒栽培与病虫害防治技术》

## 编 委 会


主　　编：李　优　韩　强　秦　波

副 主 编：王建中　汪东强　郭彦东

贺山峰　王国胜　周纪绍

李瑞铭　胡松林　车红杰

编写人员：宋海文　栾丽培　郑文艳

李德军

# 前　言

花椒是我国重要的调味品、香料及木本油料树种之一。我国也是世界花椒栽培面积最大、产量最高的国家。早在公元前 11 世纪的周代，我国就开始种植利用花椒。随着人民生活水平的不断提高，花椒的需求量越来越大。据 2015 年有关机构调查预测，2016 年全国花椒需求量 65 万～70 万 t，而 2016 年全国花椒实际产量仅 15 万～16 万 t，缺口 50 万 t 左右，花椒市场前景十分广阔。当前，脱贫攻坚进入攻坚克难的关键时期，花椒因其适应性强、栽培技术简单、结果早、用途广泛、经济效益好而被许多贫困、深度贫困地区农民当作脱贫致富的首选家庭产业。

为了帮助农民朋友更好地了解花椒的特性、掌握花椒的栽培和病虫害防治技术，把花椒这一脱贫产业搞得更好，我们在查阅参考有关资料的基础上，结合自身多年的实践经验，本着通俗易懂、简单实用的原则，编写了《花椒栽培与病虫害防治技术》一书，供广大椒农参阅，以期为建设青山绿水美丽中国、小康中国贡献微薄之力。

由于水平有限，书中不足之处在所难免，敬请广大读者不吝批评指正。

编　者

2018年4月

# 目　　录

第一章　花椒概述 …………………………………… (1)
第一节　花椒生产概况 ……………………………… (2)
一、国内外花椒研究现状及其发展趋势 ……… (2)
二、我国花椒栽培历史 ………………………… (3)
三、我国花椒地理分布 ………………………… (4)
第二节　我国花椒发展现状 ………………………… (5)
第三节　花椒的用途 ………………………………… (6)
第二章　花椒的生物学特性 ………………………… (8)
第一节　花椒的形态特征 …………………………… (8)
第二节　花椒的生长习性 …………………………… (9)
一、根系 ………………………………………… (9)

二、枝 ………………………………………………… (10)

三、芽 ………………………………………………… (11)

第三节　花椒开花结果与果实发育 ………… (12)

一、花芽分化 ………………………………………… (12)

二、结果习性 ………………………………………… (12)

第四节　花椒对环境条件的要求 …………… (14)

一、温度 ……………………………………………… (14)

二、光照、水分 ……………………………………… (15)

三、土壤 ……………………………………………… (15)

四、地形地势 ………………………………………… (16)

第三章　花椒的主要栽培品种 …………… (17)

第一节　大红袍 ………………………………… (17)

第二节　小红袍 ………………………………… (19)

第三节　枸　椒 ………………………………… (19)

第四节　贡椒（正路椒） …………………… (20)

第五节　青（花）椒 ………………………… (21)

第四章　无公害花椒苗木繁育技术 ……… (22)

第一节　种子的采收与贮藏 ……………… (23)

一、种子的采收与处理 ………………………… (23)

二、种子的贮藏 …………………………………………（24）
三、种子播前处理 ………………………………………（27）
第二节 实生苗培育 ……………………………………（30）
一、苗圃地的选择 ………………………………………（30）
二、播前准备 ……………………………………………（31）
三、播种时期 ……………………………………………（32）
四、播后管理 ……………………………………………（34）
五、苗期管理 ……………………………………………（36）
**第五章 花椒建园技术** ………………………………（39）
第一节 无公害花椒对产地环境的要求 ………………（39）
一、产地要求 ……………………………………………（40）
二、空气环境质量要求 …………………………………（40）
三、灌溉水质量要求 ……………………………………（41）
四、土壤环境质量要求 …………………………………（41）
第二节 园地选择 ………………………………………（42）
一、适地适树 ……………………………………………（42）
二、远离污染源 …………………………………………（42）
三、集中连片 ……………………………………………（42）
第三节 花椒园规划设计 ………………………………（43）

一、规划设计 …………………………………（44）
二、栽植密度 …………………………………（46）
三、栽植方式与配置 ……………………………（47）
第四节 花椒栽植 ………………………………（47）
一、栽前准备 …………………………………（47）
二、栽植时期 …………………………………（48）
三、栽植方法 …………………………………（50）
四、栽后管理 …………………………………（51）
**第六章 花椒土、肥、水管理** ………………（53）
第一节 土壤管理 ………………………………（53）
一、土壤深翻的时期 ……………………………（54）
二、土壤深翻的方法 ……………………………（54）
三、培土和压土 ………………………………（55）
第二节 松土除草 ………………………………（56）
一、中耕除草 …………………………………（57）
二、覆盖法除草 ………………………………（57）
三、药剂除草 …………………………………（58）
第三节 施肥与灌水 ……………………………（59）
一、施肥 ………………………………………（59）

二、灌水 …………………………………………………… (68)
第四节 椒粮间作 …………………………………………… (71)
第七章 花椒的整形修剪 …………………………………… (74)
第一节 修剪时间 …………………………………………… (74)
第二节 修剪方法 …………………………………………… (75)
一、短截 …………………………………………………… (76)
二、疏剪 …………………………………………………… (77)
三、撑、拉、垂 …………………………………………… (78)
四、环剥 …………………………………………………… (78)
五、摘心 …………………………………………………… (78)
第三节 不同树龄的整形修剪 ……………………………… (79)
一、幼树的整形修剪 ……………………………………… (79)
二、初果期树的修剪 ……………………………………… (81)
三、盛果树的修剪 ………………………………………… (82)
四、衰老树的修剪 ………………………………………… (83)
第八章 花椒主要病虫害防治 ……………………………… (85)
第一节 花椒"蚧壳虫" …………………………………… (86)
一、蚧壳虫类的主要特征 ………………………………… (86)
二、依年生活史 …………………………………………… (86)

第二节　花椒窄吉丁 …………………………… (88)
一、4月下旬至5月上旬 ………………… (89)
二、5月中旬至6月下旬向树冠喷药 ……… (90)
第三节　花椒蚜虫 …………………………… (90)
一、生物防治 …………………………… (91)
二、药剂防治 …………………………… (91)
三、尿洗合剂 …………………………… (92)
四、树干涂药法 ………………………… (92)
第四节　花椒跳甲 …………………………… (92)
一、地表喷药 …………………………… (93)
二、树冠喷药 …………………………… (93)
第五节　花椒凤蝶 …………………………… (93)
第六节　干腐病（流胶病） ……………… (94)
第七节　花椒锈病 …………………………… (95)
第八节　炭疽病 ……………………………… (96)
第九节　枯梢病 ……………………………… (97)
第九章　采收、干制和贮藏 ……………… (98)
第一节　采　收 ……………………………… (98)
第二节　干　制 ……………………………… (99)

一、天然晾晒 …………………………………………(99)
二、人工干制…………………………………………(100)
第三节 贮 藏…………………………………………(100)
一、分级…………………………………………(100)
二、保存…………………………………………(101)
三、贮存…………………………………………(101)
**主要参考文献**…………………………………………(102)

# 第一章　花椒概述

花椒（*Zanthoxylum bungeanum* Maxim.）原产于我国，为芸香料、花椒属落叶灌木或小乔木，是重要的调味品、香料及木本油料树种之一。古名称其为椒、椒聊、大椒、秦椒、蜀椒、凤椒、丹椒及黎椒等。它的分布很广，在我国除东北、内蒙古自治区（以下简称内蒙古）等少数地区以外，各省市栽培广泛。以陕西、河北、四川、河南、山东、山西、甘肃等省较多。花椒易栽培，好管理，用途广，深受广大群众所喜爱，是农村、特别是山区农村的主要经济树种之一。花椒也被日本、韩国、朝鲜、印度、马来西亚、尼泊尔、菲律宾等国家引种栽培，其中以日本、韩国研究较为深入，应用比较广泛。

## 第一节　花椒生产概况

### 一、国内外花椒研究现状及其发展趋势

我国是世界花椒栽培面积最大、产量最高的国家，花椒研究主要以丰产栽培和病虫害防治为主，而良种选育及产品开发滞后于日本和韩国、在日本，花椒繁殖以嫁接为主，认为实生苗性状易分离、有刺，且多为雄株，果实小，果穗松散，产最低，而嫁接苗抗病和抗干旱能力强。日本在花椒产品开发应用上形式多种多样，嫩叶、嫩芽、花蕾、青果、成熟果、种子、枝干等都得到了开发利用。鲜果的应用占有一定的市场，大约占总量的1/3，并且日本将花椒作为药用植物进行开发研究。日本医药株式会社、各医药教学与研究机构，投入极大精力对花椒开展攻关研究，并取得成功。在韩国，花椒一直

作为食用和药用植物，韩国林业遗传研究所一直致力于选育多果穗、果粒大、无刺的优良品系。今后，我国要加大花椒良种选育和花椒产品深度开发研究工作，促进花椒栽培管理向规模化、产业化方向发展。

## 二、我国花椒栽培历史

我国花椒栽培历史悠久，对花椒的利用最早可追溯到商代。但没有花椒被利用的文献记载，只是后人在考古过程中发现了花椒被最早利用是在这一时期。到了公元前11世纪至公元前10世纪的周代，就有了我国人民利用花椒的纪实。这在林鸿荣的《椒史初探》中可以得到证实。最早有关花椒的文献见于《诗经》，在《周颂》《唐风·椒聊》《陈风·东门之枌》中有“椒聊之实，繁衍盈升”“有椒其馨”“视尔如荍，贻我握椒”的描述。

花椒作为栽培树种，最迟不晚于二晋之际。时至南北朝时，我国种椒不仅已颇为兴盛，而且关于种椒方法已有记述，主要有北魏贾思勰的《齐民要术·种椒第四十三》、宋朝苏颂的《图经本草》、元朝孟棋畅的《农桑辑要》及明朝王象晋《群芳谱·椒》、李时珍的《本草纲目》等。特别是西汉人的《范子计然》一书详细记载了我国古代劳动人民关于花椒繁衍育苗、栽培、采收、贮藏等方面的栽培经验和技术。明、清时期，由于交通发展，内销日盛，花椒栽培进一步得到发展。

新中国成立以来，随着人民生活水平的不断提高，对花椒的需求量越来越大，花椒栽培面积也随之不断扩大，产量大幅度提高。20 世纪 50 年代初期，全国花椒的年产量仅 200 万～250 万 kg。20 世纪 90 年代中期，全国花椒年产量近 6 000万 kg。近年来，花椒的年产量已达 1.6 亿 kg 以上。

## 三、我国花椒地理分布

我国花椒的分布古今有所不同，先秦时期的陕西西南部、山西南部及河南东南部为花椒产区；汉魏

以前花椒主要野生于我国西部的山地；宋元时期以栽培为主的经营方式逐步兴起，其分布略向西移；明朝之后，植椒已成民俗，特别是在内销日盛、外销刺激的形势下，花椒栽培遍及我国南北大多数省（区），直至青藏高原。

花椒野生于秦岭及泰山海拔 1 000m 以下地区。现在我国除东北、内蒙古等少数地区以外，均广泛栽培。以陕西、河北、四川、河南、山东、山西、甘肃等省较多。多栽培在低山丘陵、梯（台）田边缘，庭院四旁。在深厚肥沃、湿润的沙质、中性或酸性土壤上生长良好、在石灰质丘陵山地生长尤佳。

## 第二节 我国花椒发展现状

近几年来，陕西、河北、河南、山东、四川、甘肃等省花椒发展甚快，已粗具规模，形成商品基地。如韩城市是陕西重要的花椒产区，也是全国最大的花椒基地，面积达 3 万 $hm^2$，其花椒产品以“穗大粒多、皮厚肉丰、色泽鲜艳、品质优良”而著名，产品远销国内20多个省（自治区）。陕西凤县的花椒“凤椒”以“全红、肉厚、有双耳、风味独特”而备受广大消费者的青睐，在国内市场上久负盛名。在市场经济的有力推动下，到目前已发展花椒2万$hm^2$，但商品市场仍供不应求。此外，四川的汉源、茂县、汶川，甘肃的武都、天水，河北的涉县、平山，河南的林县、安阳，山东的沂源、沂水、沂南，山西的平顺等地已成为我国重要的花椒商品生产基地。

## 第三节 花椒的用途

花椒的主要用途是作调味品，也是木本油料树种，同时在化工、医药方面也有较高的应用价值。

据有关部门测定，从花椒果实、花椒叶中提取的芳香油，可分离出20种化合物；从花椒叶的芳香油中又可分离出15种化合物，含量最多的是一萜烯类，它广泛用于香精。树叶芳香油中含量较高的香叶烯是重要的玫瑰型香料，用于配制化妆香精和皂

用香精。用花椒提取芳香油后，花椒颜色变为深褐色，但仍有麻辣味。可制花椒粉或调料面。花椒有独特的药用价值。中医认为，花椒性味辛热，有温肾暖脾、逐寒燥湿、补火助阳、杀虫止痒等功能，是中医常用的一味中药。

# 第二章　花椒的生物学特性

## 第一节　花椒的形态特征

花椒属芸香科，花椒属。通常为落叶灌木或小乔木，树高2~3m。果、枝、叶均有香味，茎、枝有散生向上斜的皮刺，刺基部坚扁平状。叶为奇散羽状复叶，稀偶数互生，长8~14cm，小叶5~13片，对生，无柄或近无柄，卵圆形、叶缘有锯齿，具透明油点，叶脊主脉生有细刺。花芽多为顶生，花序为聚伞状圆锥形。

## 第二节　花椒的生长习性

### 一、根系

花椒为浅根性树种，根系垂直分布较浅，而水平分布范围较广。盛果期树，根系最深分布在1.5m左右，较粗的侧根多分布在40~60cm的土层中，须根集中分布在10~40cm的土层中，也是吸收根的主要分布层。根系水平扩展范围可达15m以上，为树冠直径的5倍左右，而须根集中分布在树干距树冠投影外缘0.5~1.5倍的范围内。

花椒根系开始生长活动早于地上部分，春季10cm地温达到5℃时开始生长，一年中有3次生长高峰：第一次生长高峰出现在萌芽后，3月初至4月下旬，以后随着地上新梢的生长和开花结果，其生长逐渐放缓；第二次生长高峰出现在6月中旬至7月中旬，此时地上新梢生长减缓，土壤温度升高，根系进入一年中生长最旺盛的时期；第三次生长高峰出现在9月上旬至10月中旬，此时果实已采收，秋梢停长，根系获得的营养增加，生长加快，以后随土壤温度的下降，根系生长减慢，并逐渐停止生长。

花椒根系的总体特性是垂直分布较浅，水平分布较广，具有明显的趋温性与趋氧性，不耐涝。

## 二、枝

花椒枝的顶端优势较强，顶芽萌发枝的生长势强于侧芽萌发的枝条。去顶芽后，侧芽萌发的枝又沿着原顶枝方向生长。枝条的垂直优势明显，少有明显主干，层性也较差。

新梢一年有两次生长高峰：第一次在4月中旬至6月上旬；第二次在7月中旬至8月上旬。8月中旬至10月上旬新梢硬化。

花椒以强壮枝和中短枝结果为主。

## 三、芽

花椒的异质性较为明显。通常顶芽及其下面 3～4 个芽比较饱满充实，容易萌发成枝。其他芽的质量则较差。多数花椒品种的芽具有晚熟性，但少数品种的芽具有早熟性，当年可以萌芽二次枝。花椒芽的萌芽力与成枝力因品种不同而各有不同。如大红袍花椒萌芽力较强，成枝力稍弱；米椒萌芽力中等，成枝力较强。

花椒的芽为混合芽。花芽分化时间在 6 月上旬至 8 月下旬。不同品种、不同树龄略有差异，但多数在花椒果粒迅速膨大后生长趋于变缓之时开始，至果实成熟采收，秋梢开始生长时停止。大红袍花椒花芽分化临界期在 6 月 5 日左右。

## 第三节　花椒开花结果与果实发育

### 一、花芽分化

花椒花芽分化始于第一次生长高峰后，约在 6 月上旬，一直到翌年 4 月上旬完成花芽分化。花芽分化虽受诸多内因、外因的影响，但营养物质的积累和内源激素的平衡是花芽分化的最主要条件。据研究，当复叶与果穗的比例为（3～3.5）∶1 时，不仅当年产量高，果穗大，品质好，而且可保证来年有足够的花芽结果。花椒 4 月中旬左右开花，4 月末渐次进入盛花期，初花期约 10 天，初花到末花期 14～18 天。

### 二、结果习性

花椒为单性结实，即不经过授粉受精，果实和种

子都能发育，而且种子具有发芽能力，属于无融合生殖。花椒果实为蓇葖果，无柄，圆形，果面密布疣状腺点，中间纵向有一条不明显的缝合线，果皮二层，外果皮红色或紫红色，内果皮淡黄色或黄色，有种子1~2粒，凡2粒的每个种子呈半球状，种皮黑色，含有油脂和蜡质层。果实发育分5个时期：坐果期，从子房开始膨大幼果形成，5月上旬至5月中旬，20天左右；果实膨大期，5月下旬至6月上旬，40天左右，果实外形长到最大；缓慢生长期，6月上旬，体积基本长成，但果皮继续增厚，种子继续成熟，总量增重；着色期，7月上旬至8月中旬，果实由青转黄，进而形成红色，最后变成深红色，同时种子变成深褐色，种壳变硬，种仁由半透明糊状变成白色，此期30~40天；成熟期，外果皮呈红色或紫红色，疣状物明显突起，有光泽、油亮，少数外果皮开裂，果完全成熟。一般达到充分成熟度一周左右就应采收。

花椒的落花落果十分严重，据调查，落花率可达72.7%，落果率59.1%，整个花序的坐果率仅为

11.2%。一年中，花椒有两次落果，第一次在坐果期，在5月下旬至6月初，也称“5月落果”，主要原因是花量过大，坐果多，养分不足和生理失调引起的；第二次在7月上旬，果实进入着色期，由于营养不足，果实提前着色变红后脱落，这次落果率较小。花椒的落花、落果现象可以通过加强肥水供应及良好的防病防虫措施得到有效控制。

## 第四节 花椒对环境条件的要求

### 一、温度

花椒喜温暖，不耐寒，年平均气温10~15℃的地区最适宜栽植。年均气温低于10℃的地区，常有冻害发生。休眠期花椒幼枝能耐-18℃的低温，大树能耐-20℃低温。冬季极端温度低于-18℃或-20℃时，花椒幼树或大树就有可能受冻害。

平均气温稳定在6℃上时，芽开始萌动；日平均

气温达到10℃左右时开始抽梢。花期适宜的日平均温度为16~18℃，果实发育适宜的日平均气温为20~25℃。

## 二、光照、水分

花椒喜光，一般要求年日照时数在2 000h以上。光照充足，则花椒树体发育健壮，病虫害少，产量高。

花椒对水分要求不高，一般年降水量大于500mm的地区，只要在萌芽和坐果后土壤水分供应充足，花椒就能正常生长结果。但着色期如遇长时间干旱，则导致花椒果面发白，着色不良。土壤含水量低于10%时，叶片会出现萎蔫，低于6%时可导致死亡。

## 三、土壤

花椒属浅根性树种，根系主要分布在60cm土层内，一般土壤厚度达到 80cm 就能满足其生长结果的需求。但花椒喜欢土层深厚、疏松肥沃的土壤。最适宜的土壤 pH 值在 7.0~7.5。

## 四、地形地势

花椒属阳性树种，一般背风的阳坡、半阳坡适宜栽植。但在干旱地区，由于阳坡、半阳坡土壤水分较好，背风的阴坡和半阴坡反而比阳坡更适宜栽植花椒。

# 第三章　花椒的主要栽培品种

## 第一节　大红袍

该品种是分布最广的栽培品种。

其特点为：灌木或小乔木，树体较高大，株高2~3m，在自然生长情况下，树形多为主枝圆头形或无主干丛状形。树势强健、紧凑，叶色深绿肥厚，奇数羽状复叶，稀偶数，有小叶5~11片，叶片广卵圆形，边缘有细圆锯齿，叶尖渐尖，叶片表面光滑，蜡质层较厚，有腺点。茎干灰褐色，刺大而稀，常退化，小枝硬，直立深棕色，节间较长。果枝粗壮，果穗紧凑，果柄较短，近于无柄；果粒大，直径5~6.5mm，每穗一般单果，35~60粒，多的达120粒，最多达180粒。鲜果千粒重95~110g，味浓香，成熟的果实浓红色，表面有粗大的疣状腺点，晾晒干后不变色。成熟期在末伏（立秋）8月中下旬至9月上旬，成熟的果实不易开裂。一般4~4.5kg鲜椒可收纯干椒1kg。此品种为韩城市的主栽品种，占栽植量的90%以上。

大红袍有以下优点。

一是生长快，结果早，产量高。一年生苗高可达1m，栽后3~5年即结果，10年生株产干椒1~1.8kg，15年生株产干椒4~5kg，最高可达6.5kg，25年后仍有1.7~4.1kg的产量。

二是颗粒大，色泽深，品质好。平均果径5.2mm，比小红袍、枸椒大1/3；千粒重（干椒）61.6g，比小红袍、枸椒分别重40.3%和57.9%，椒皮厚0.57mm，比小红袍、枸椒分别厚7.6%和2.1%；晒干后仍为深红色，而小红袍为鲜红色，枸椒为浅红色。同等条件下，品级至少比小红袍高一级。

三是枝干皮刺少，果穗大，采摘方便。成熟期比小红袍迟10~15天，且果实不易开裂。

## 第二节　小红袍

该品种分布范围较小。

其特点是：树体近似大红袍，但较小，皮刺稀而小，刺基部木质化强，呈台状；分枝角度大，树势开张，长势较大红袍弱；多年生枝灰褐色，枝条细软，易下垂，叶片较小且薄，色较淡。果柄较长，果穗较松散，穗小粒小，果径4~4.5mm，鲜果千粒重85g左右，成熟时果实鲜红色，香味浓。8月上中旬成熟，即比大红袍早成熟10~15天。一般3~3.5kg鲜椒可收纯干椒1kg。成熟后果皮易开裂。

该品种在韩城市栽植较少，占5%左右。

## 第三节　枸　椒

其特点是：树势健壮，分枝角度较大，树势较开张；多年生枝灰褐色，皮刺大而尖，基部扁平；叶片较宽大，卵状矩圆形，叶色较大红袍浅，呈淡绿或黄绿色；果穗不紧凑，果柄较长，颗粒小，果径4mm左右，鲜果千粒重70g左右，处暑前后采收，成熟的果实色淡红或黄红，每3.5kg可收纯干椒1kg。此树寿命长、发芽迟、花期晚，可免受“倒春寒”为害。不易受蛀秆性害虫为害。产椒量较低、品质差，已基本淘汰。

## 第四节　贡椒（正路椒）

果、枝、叶、干均有香味。树皮黑棕色（幼茎为紫红色），上有瘤状突起。奇数羽状复叶，互生，小叶数5~13片（多数为7~9片），卵状长椭圆形，具细锯齿，刺细长，齿缝有透明的油点，叶柄两侧具皮刺。聚伞状圆锥花序顶生，单性或杂性同株，蓇葖果，种子黑色有光泽。果皮有疣状突起，果实成熟时红色或紫红色，晒干后成酱红色。常在基部骈生两个小椒，故称娃娃椒。贡椒颗粒圆大，呈木

鱼状，果肉厚，表面密生瘤状突起的精油腔，内果皮滑，淡黄色，薄革质，多数与外果皮分裂而卷曲，香味浓郁，味麻而持久，质量好，产量高。

## 第五节　青（花）椒

奇数羽状复叶，叶披针形或卵形，叶缘光滑无锯齿，叶片有腺点（油胞），先端小叶较大，小叶无柄或极短。复叶的小叶片数与树龄和枝条类型有关。1~2 年的幼树，复叶 7~9 叶；5 年树龄很少 9 叶，为 3~7 叶；10 年树龄以上少有 9 叶，以 3、5、7 枚为多。营养枝上的叶片数为披针形，结果枝小叶呈卵形，以 3 叶为主。营养枝叶片腺点数平均为 17.2 个，结果枝叶片腺点平均 2 个。

青花椒果粒呈绿色，果穗长大、果实数较多，果实碧绿无杂色，香气有别于红花椒，有着清麻的浓郁，它的特点是味麻欠香，是腌菜的好佐料。

# 第四章　无公害花椒苗木繁育技术

花椒苗木繁殖分有性和无性繁殖两种：有性繁殖是利用种子进行繁殖，也称为实生繁殖。利用种子培育的苗木，称为实生苗。实生苗繁殖简便，易于掌握，在短期内能培育出大量的苗木。同时，培育的苗木根系发达，生产健壮，寿命长，适应性强。但是，单株间变异较大，不易保持品种的优良特性。无性繁殖是指营养繁殖，即利用树木营养器官（根、茎叶）的某一部分和母体分离（或不分离），通过人工辅助，进行繁殖，培育成独立的新个体。本章仅介绍生产上常用的播种育苗和嫁接育苗两种方法。

# 第一节　种子的采收与贮藏

## 一、种子的采收与处理

用于育苗的种子，必须选择在生长健壮、结实多、丰产稳定、品质优良、无病虫害的中年母树采集。采集种子时要等种子充分成熟。采收过早，种子未充分成熟，种胚发育不全，贮藏营养不足，生活力弱，发芽率低；采收过晚，种子自行脱落，难于采收。花椒种子的成熟期因栽培品种和各地气候的不同而异。果实成熟的标志是具有本品种红色或深红色的色泽，种子呈黑色，有光亮，有2%～5%的果皮开裂。这时即可采收。采回的果实要及时阴干，选择通风干燥的地方，薄薄地堆放一层，每天翻动3～5次，待果皮开裂后，轻轻用木棍敲击、收取种子。收取的种子要继续阴干，不要堆积在一起，以免霉烂。如果用种量大，也可将果实在阳光下摊放晾晒，但要随时用小木棍敲击、翻动，每翻动一次收取一次种子，切忌在阳光下长期暴晒。收取的种子可随即播种。贮藏的种子需充分阴干。不可在水泥地面上晾晒种子，以免烫伤种胚，降低发芽率。刚脱出果皮的种子，湿度较大不易贮藏，若不能及时下种，为保证种子质量，应及时晾放在干燥、通风的场所阴干，绝不能在阳光下暴晒，花椒种子常因暴晒而失去发芽力，也不能未经阴干随即堆放，更不能堆放在潮湿的地方，否则会因发热、霉变而失去发芽力。

## 二、种子的贮藏

种子晾晒后要妥善贮藏。如果秋季育苗，即可随脱粒随播种。如果春季播种，就要贮藏。贮藏中影响种子生活机能的主要因素是种子含水量、贮藏中的温度、湿度和通气状况。温度过高、湿度过大、通气条件差，常使种子含水量增高，呼吸旺盛，活性增强，消耗有机物质多，放出的热量、水汽和二

氧化碳，容易引起种子霉烂。所以，在种子贮藏中，应注意保持低温（0~5℃）、湿润（相对湿度50%~60%）和适当通气。常用的贮藏方法有以下几种。

1. 罐藏法

把阴干后的新鲜种子，放入罐中，加盖，置于干燥、阴凉的室内即可，注意不能密封。这样保存的种子，播前必须经脱脂及催芽处理。

2. 牛粪、泥饼贮藏法

根据方式上的差别，又可区分为牛粪饼贮藏、牛粪掺土埋藏及泥饼堆积贮藏三种。

（1）牛粪饼贮藏法：将1份种子拌入3份鲜牛粪中，再加入少量草木灰（或牛粪、黄土、草木灰各等份），拌匀后捏成拳头大的团块，甩在背阴墙壁上（或捏成饼，在通风背阴处阴干，堆积贮藏）即可。第二年春季取下打碎后，可直接播种，或经催芽处理后播种。此法贮藏的种子发芽率高。

（2）牛粪掺土埋藏法：在潮湿的牛粪内掺入1/4

的细土搅匀后，再将种子放入拌匀，使每粒种子都粘成泥球状，然后在排水良好的地方挖深80cm的土坑（长、宽根据种子量确定），先在坑的中央竖一束草把、坑底铺6cm左右厚的粪土，将种子倒入坑内，直至和地面平齐为止；再在种子上面盖草、填土，并封成土丘状，注意要让草把露出土丘。春播前再经催芽处理，即可播种。

（3）泥饼堆积贮藏法：在我国北方一些花椒栽培地区，用种量比较少时，椒农多采用泥饼贮藏法贮藏种子。贮藏的方法是，将新鲜种子于秋后用水漂洗，混合于种子4~5倍的黄土和沙土（黄土和沙土的比例为2：1，加水搅拌揉搓和成泥，做成3cm厚的泥饼，贴在背阴防雨的墙上；也可置于阴凉处阴干，避免阳光暴晒。

3. *湿沙层积法*

（1）湿沙室外层积法：种子阴干后，选排水条件良好之处，挖1m（长、宽根据种子量确定）深的土坑，坑底铺一层6~10cm的湿沙，竖通风秸草把一束（若坑长超过 2m，每隔 1m 竖一束秸草把），再将拌入 2 倍湿沙的种子倒入坑内一层（厚 6～10cm），然后一层沙子，一层种子，层积到和地面平为止，最后封成土丘，但草把必须露出地面。春播时经催芽处理后，发芽率可达 45%。

（2）湿沙室内层积法：在室内用砖等砌成高 1m 的坑，以层积法的方法贮藏即可。但室内贮藏时可以将种、沙混合后堆至高 50～60cm，再封顶，不必按一层沙子一层种子的方法层积。

## 三、种子播前处理

育苗前必须对种子进行处理，因为花椒种壳坚硬，外具较厚的油脂蜡质层，不易吸收水分，发芽困难，干藏的种子在春季播种前必须进行种子处理。不处理的干籽播种后，发芽力很低，出苗不整齐。冬季干藏或调入的种子，在催芽处理前要进行质量检查，优良的种子，除品种纯正、籽粒饱满外，将种子切开，种仁应呈白色。胚和胚芽界线不分明的，则多为霉坏或陈旧的种子，大多失去发芽能力。花椒种子，一般需60~80天才能完成生理成熟过程。在陕西一般可在1月中旬进行处理，不宜过早或过晚。播前常用以下方法进行催芽处理。

1. 开水烫种

将种子放入缸或其他容器中，然后倒入种子量2~3倍的开水，急速搅拌2~3min后注入凉水，到不烫手为止，浸泡2~3h，换清洁凉水继续浸泡1~2日，然后从水中捞出，放温暖处，盖几层湿布，每日用清水淋洗2~3次，3~5日后，有白芽突破种皮时，即可播种。

2. 碱水浸种

此法适宜春、秋季播种时使用。将种子放入碱水中浸泡（5kg水加碱面或洗衣粉50g，加水量以淹没种子为度）2天，除去秕籽，搓洗种皮油脂，捞出后用清水冲净碱液，再拌入沙土或草木灰即可播种。秋播时，也可不做处理，直播于圃地，让种子外皮

的油脂、抑制剂在土壤微生物及土壤的变湿作用和降雨条件下自行分解。

3. 沙藏催芽法

将种子与3倍的湿沙混合，放阴凉背风、排水良好的坑内，10~15天倒翻1次。播前15~20天移到向阳温暖处堆放，堆高30~40cm，上面盖塑料薄膜或草席等物，洒水保湿，1~2天倒翻1次，种芽萌动时即可取出播种。

4. 牛粪混合催芽法

在排水良好处先挖深33cm的土坑，将椒籽、牛粪或马粪各1份搅匀后放入坑内，灌透水后踏实，坑上盖3.2cm厚的湿土一层。此后以所盖的土不干为宜，温度过高、上面的土层变干后需及时加水，7~8天后即可萌芽下种。

## 第二节　实生苗培育

### 一、苗圃地的选择

苗圃地选择主要包括经营条件和自然条件两方面。

1. 经营条件

经营条件以便于圃地的经营管理为原则。一般圃地应选择在交通方便、劳动力充足的地方。

2. 自然条件

（1）地形：苗圃地应选择背风向阳、日照好、平缓（2°~5°）的开阔地为好。平地地下水位宜在1~1.5m。地下水位过高的地块，高山、风口、低洼地以及坡度大的地方，都不宜作苗圃。

（2）土壤：选择土层深厚、疏松、排水良好 pH

值7~7.5的沙质壤土。

（3）水源：苗圃地应尽可能靠近水源。

## 二、播前准备

### 1. 精耕细作

精心整地，确保地表10cm以内不能有较大的土块。要做到上虚下实。上虚有利于幼苗出土，还可减少土壤水分蒸发；下实可满足种子萌发所需要的水分。

### 2. 深耕施肥

苗圃地一般深翻20~40cm。干旱地区，以秋耕较好。早春耕地时，要耙耱镇压，结合耕翻，$1hm^2$施入腐熟的农家肥75 000~150 000kg。有条件的还可以施入过磷酸钙375~750kg，草木灰750kg做底肥。

3. 培垄作畦

一般畦宽 1～1.2m，畦长 5～10m，埂宽 30～40cm，做畦时要留出步道和灌水沟。地势低洼，土质黏重，灌水条件好的地方，亦可采用高垄育苗，以利排水和提高地温。高垄育苗的垄面高出步道 15～20cm 为宜；高垄一般下底宽 60～70cm，垄面宽 30～40cm，垄高 15～20cm 为宜。

4. 灌水

播前苗圃地要灌足底水。

## 三、播种时期

1. 秋播

秋播在种子采收后到土壤结冻前进行，这时播种，种子不需要进行处理，且翌年春季出苗早，生长健壮。特别是北方山地和旱地育苗，春季多因干

旱不能及时播种，一般秋季墒情好，出苗整齐，比春季早出苗 10～15 天。秋播又分早秋播和晚秋播。早秋播也称随采随播，选用早熟品种于 8 月中下旬进行。种子在采收后立即播种，不必晾晒，也不需要处理，当年即可出苗。早秋播种适宜于比较温暖的地方，冬季过于严寒的地区则不宜采用。同时，早秋播应尽量提前，以便延长苗木生长期，保证安全越冬。早秋播一般只适宜在花椒产区就地育苗采用。

晚秋播种时应适当推迟至 10 月中旬至 11 月上旬，即“立冬”前后，土壤冻结前进行，以免种子刚发芽时土壤冻结。

2. 春播

春播一般在早春土壤解冻后进行，以“春分”前后为宜。经过沙藏处理的种子，发现 30% 以上尖端露白时，就要及时播种。

## 四、播后管理

经过处理的种子，由于种子贮藏和处理方法不同，一般在播种后10~20天陆续出苗。出苗后要及时中耕除草、施肥浇水、防治病虫害等。

1. 间苗移苗

幼苗长到5~10cm时，要及时进行间苗、定苗。定苗时苗距要保持10cm左右，每亩（1亩≈667$m^2$。全书同）定苗2万株左右。间出的幼苗，可带土移到缺苗的地方，也可移到别的苗床上培育，移栽幼苗以长出3~5片真叶时为好，在移栽前2~3日进行灌水，以利挖苗保根。阴天或傍晚移栽可提高成活率。

2. 防止日灼

幼苗刚出土时，如遇高温暴晒的天气，其嫩芽先端往往容易枯焦，称为“日灼”，群众称为“烧芽”。

播种后在床面上覆草。过早达不到覆草的目的，过晚则影响幼苗的生长。覆草要分期分批撤去，一般从苗木出齐开始，到幼苗长出 2 片真叶时可全部撤除。

3. 中耕除草

当幼苗长到 10~15cm 时，要适时拔除杂草，以免与苗木争肥、争水、争光。以后应根据苗圃地杂草生长情况和土壤板结情况，随时进行中耕除草。一般在苗木生长期内应中耕锄草 3~4 次，使苗圃地保持土壤疏松、无杂草。

4. 施肥灌水

花椒苗出土后，5 月中下旬开始迅速生长，6 月中下旬进入生长最盛期，也是需肥水最多的时期。这段时间，要追肥 1~2 次，主要追施速效氮肥，以促进苗木生长。追肥量，亩施硫酸铵 20~25kg 或腐熟人粪尿 1 000kg 左右。对生长偏弱的，可于 7 月上中旬再追一次速效氮肥，追施氮肥不可过晚，否则苗木不能按时落叶，木质化程度差，不利于苗木越冬。幼苗出土前不宜灌水，否则土壤易板结，幼苗出土困难。出苗后，根据天气情况和土壤含水量决定是否灌溉。一般施肥后应随即灌1次水，使其尽快发挥肥效。雨水过多的地方要注意及时排水防涝，避免积水。

5. 防治病虫害

花椒苗期主要病害有叶锈病，主要虫害有蛴螬、花椒跳甲、蚜虫、红蜘蛛等。要本着“防重于治”的原则，及时防治。

## 五、苗期管理

1. 间苗与定苗

出苗以后，一般在幼苗长出2~3片真叶时，开始第一次间苗。要做到早间苗，晚定苗，及时进行移植补苗，使苗木分布均匀，生长良好。间苗应在

雨后或灌水后，结合中耕除草分 2~3 次进行。土壤孔隙度大的间苗后应进行弥缝、浇水，以保护幼苗根系。定苗时的保留株数可稍大于产苗量的 10%。以防因遭受某种灾害而造成育苗失败。

2. 适时灌水

要根据气候、土壤状况和各类苗木不同生长阶段对水分的要求合理浇水。一般播种前应灌足底水，出苗前尽量不浇蒙头水，以免土壤板结和降低地温，影响种子发芽出土。幼苗初期，苗床应用喷壶少量洒水，出现真叶前，切忌漫灌，但要求稳定的温度。旺盛生长期形成大量叶片，需水量大；秋季营养物质积累期，需水量小；一般苗木生长期需浇水 5~8 次。生长后期要控制浇水，以防贪青徒长，否则不利越冬。进入雨季，应注意排水防涝。

3. 中耕除草

中耕结合除草，多在浇水或降雨后进行，一般 4~6 次；杂草多地方，应除草 7~8 次。

4. 追肥

苗圃追肥分2~3次进行。前期可施用氮肥，每次亩施尿素5~10kg，后期应施用复合肥，每次亩施8~10kg，以加速苗木生长和木质化进程。追肥不可过晚，至迟不能超过8月下旬，否则苗木会贪青徒长，推迟休眠期，容易遭受冻害。施肥的方法，可把化肥均匀地撒在畦面上，随即浇水，而后结合除草，中耕1~2次。或在苗木行间开沟施肥，然后覆土浇水，再浅锄一次即可。

5. 防治病虫害

育苗过程中，必须加强对病虫的及时防治。为害花椒幼苗的主要害虫有金龟子类、潜杏跳甲、蚱蝉、大青叶蝉、棉蚜、麻皮椿、大袋蛾、凤蝶等。防治金龟子类、潜橘跳甲、麻皮椿等可用50%辛硫磷乳油1 000倍液或50%可湿性西维因粉剂30倍液；防治大青叶蝉、棉蚜、凤蝶等可用40%氧化乐果1 000倍液或50%久效磷2 000~3 000倍液。

# 第五章　花椒建园技术

为了提高花椒建园效益，必须科学地认识花椒生物有机体的特性与建园地的特点，使其在人为的控制下有机统一起来。本章着重介绍无公害花椒的产地环境、园地选择和花椒建园的主要技术措施。

## 第一节　无公害花椒对产地环境的要求

适宜的产地环境条件是生产无公害花椒的基础和前提。所谓产地是指具一定面积和生产能力的花椒栽植地。环境条件是指影响花椒生长质量的空气、灌溉用水和土壤条件等。

## 一、产地要求

无公害花椒的产地应选择在生态环境良好，远离污染源，并具有可持续生产能力的农业生产区域。具体地说，就是无公害花椒的产地要选在花椒的最适宜区或适宜区，并远离城镇、交通要道（如公路、铁路、机场、车站、码头等）及工业“三废”排放点，且有持续生产无公害花椒的能力。

## 二、空气环境质量要求

无公害花椒的产地空气环境质量同苹果一样，包括总悬浮颗粒物、二氧化硫、二氧化氮和氟化物4项衡量指标。按标准状态计，4种污染物的浓度不得超过国家的规定限值。

## 三、灌溉水质量要求

无公害花椒的产地灌溉水质量包括pH值、氰化物、氟化物、石油类、汞、砷、铅、镉和六价铬共9项衡量指标。其中，pH值要求在5.5~8.5；氰化物、氟化物、石油类、汞、砷、铅、镉和六价铬8种污染物的浓度不得超过国家的规定限值。

## 四、土壤环境质量要求

无公害花椒的产地土壤环境质量包括6项衡量指标，即类金属元素砷和镉、汞、铅、铬、铜5种重金属元素。各污染物对应不同的土壤pH值（pH值<6.5、pH值6.5~7.5和pH值>7.5），有不同的含量限值。产地土壤环境质量要符合国家的规定。

## 第二节 园地选择

花椒建园地要符合以下3个原则。

### 一、适地适树

选择背风向阳、土层深厚、疏松、肥沃，排水良好，土壤pH值7~7.5的沙质壤土。

### 二、远离污染源

远离污染源5~10km。

### 三、集中连片

便于经营管理、机械化作业和运用高新技术。

## 第三节　花椒园规划设计

花椒建园一定要科学规划。首先进行测量，画出园地平面图，或用国家正式出版的大比例地形图勾出椒园平面图，用1∶1 000比例尺和0.5~20m等高距测出等高线。其次，要合理规划田间作业路、作业区、防护林、排灌系统、水保工程、仓库、机械库、贮藏库、饲养场、加工厂、办公室（区）等，绘出详细规划图。规划图上除简要反映出地形、地物、村庄、道路外，主要应标记出栽植部位、面积、用苗量和栽植年度。

规划时，一般建筑物应建在椒园中心位置，交通方便处，且尽量不占好地。设计参考比例是：椒树占地90%，防护林占5%，道路系统占3%，排灌系统占1%，建筑物占0.5%，其他占0.5%。

## 一、规划设计

### 1. 作业小区

为便于椒树栽植与管理，要划分为若干个作业小区。每个小区的地形、土壤状况尽可能一致，以方便管理。

### 2. 道路系统

椒园道路系统一般由主路、支路和小路组成。主路居中，贯穿全园，便于运输。支路为小区的分界线，小路（田间作业道）可利用梯田的田埂，不必再修。主路面宽4~5m，支路面宽2.5~3m。平地椒园道路常与排灌渠道和林网相结合，以节约用地。

### 3. 排灌系统

山地椒园的灌溉，包括蓄水和引水两部分。蓄水一般是修筑小水库、塘坝、水窖等。蓄水工程应比

椒园位置高，以便自流灌溉。灌水系统由灌水池、干渠、支渠组成。干渠支渠应设在椒园高处。山地椒园干渠应设在沿等高线走向的上坡；滩地、平地干渠可设在干路的一边，支渠可设在小区道路的一侧。渠道比降：干渠为 1∶1 000 左右，支渠 3∶1 000左右为保证及时而充分供水。

排水系统由排水干沟、排水支沟和排水沟组成，分别配于全园、区间和小区。一般排水干沟深 80~100cm，宽 2~3m；排水支沟较排水干沟浅些、窄些；排水沟深 50~100cm，上宽 80~150cm，底宽 30~50cm。各级排水沟相互连通，以便顺畅排出椒园。

经济条件好的椒园，可建立现代化灌溉设施，如喷灌、滴灌、渗灌等。

4. 林网系统

椒园防护林对花椒园保护作用很大。北方春季风大，时有沙尘暴袭击，严重影响花椒树开花和坐果。所以，在以上各种灾害严重和较严重地区的椒园四周，一定要营造防风固沙林。

5. 建筑物

较大或大型椒园，应于椒园中心区、交通方便处，建管理中心办公室、农机具房、仓库、贮藏库、包装场、晒场、药池等。

## 二、栽植密度

栽植密度，依栽培方式、立地条件，栽培品种和管理水平不同而异，总的要求应以单位面积能够获得高产、稳产、便于经营管理为原则。

合理密植可以增加单位面积的株数，是提高早期产量和单位面积产量的有效措施。土层深厚，土质较好，肥力较高的地方，株行距应大些；土层较薄，土质较差，肥力较低的山地，株行距应小些。肥力较高的地方栽植密度一般为4m×4m、4m×5m；土层较薄，土质较差，肥力较低的山地，一般为2m×3m、3m×3m；山地较窄的梯田，则应灵活掌握，一般是

一个台面栽一行，台面大于4m时，可栽2行，株距为4~5m，行距以地宽窄而定。

### 三、栽植方式与配置

从优质生产和便于田间操作考虑，栽植方式虽然多种多样，但以单行、长方形（宽行、窄株）栽植方式为宜。

## 第四节　花椒栽植

### 一、栽前准备

1. 苗木准备

花椒栽植多采用1~2年生苗，要求品种优良，主侧根完整，须根较多，苗高60cm以上，根径粗0.7cm以上，芽子饱满。栽植前，要注意保护和处理好椒苗，要防止机械损伤和风吹日晒，以保证椒树的成活率。

栽植时先要修枝，并适当截干。其次要修根，把受机械损伤比较严重的部分以及病虫根、干枯根、过长根剪掉，这样可防止病虫感染，也有利于栽植后新根的生长。

2. 品种配置

花椒一般不配置授粉品种，但考虑花椒采收期如果太过集中就不易及时采收，以及病虫害易发的问题，在建立大面积椒园时要注意不同品种的搭配，注意早、中、晚品种的搭配，以增加树体的抗性和延长整个椒园的采收期。

## 二、栽植时期

花椒栽植通常分春栽和秋栽两种，北方干旱山区也可在雨季栽植。

1. 春季栽植

早春土壤解冻后至发芽前均可栽植，宜早不宜迟，随挖随栽，成活率高。若从外地调苗，一定要用保湿包装保护好苗根。栽前用凉水浸泡半天以上，栽后浇足定根水。

2. 秋季栽植

土壤封冻以前20多天栽植，栽后截干，埋土，防寒越冬，翌年树木萌芽时刨去覆土，成活率可达90%左右。

3. 雨季带叶栽植

北方干旱石质山地，无灌水条件时，可在雨季趁墒栽植。雨季栽后要有2~3天连阴雨天，才能保证成活，否则晴天栽，或栽后放晴时成活率都很低。雨季栽植首先要整好地，及时收听天气预报，雨前及时栽植，才能获得较好的效果。雨季栽植要用小苗，一般多选用一年生苗木，栽植时尽可能多带胎土，以利成活。

## 三、栽植方法

栽植时，按规划的栽植点挖栽植穴。栽植穴深、宽60~80cm的大圆坑，挖坑时把上层较肥沃的土放在一边，下层的生土放在一边。栽植时把化肥（过磷酸钙）、厩肥或堆肥与土混合在一起填入坑内，然后将苗放入穴内，一人植苗一人填土，填到一半时用脚轻踩一下，使根和土密接，再将苗轻轻向上提一提，使根系舒展，并与前后左右苗木对齐。填入表土时要把椒苗轻轻振动，让土自然沉入根系中，边填边踏实。不要把苗根埋得太深或太浅，太深太浅都会影响椒苗的生长和结果。比较适当的深度是将根茎处埋入地面以下2~3cm。栽苗后立即灌水，待水渗完后用干土覆在上面防止蒸发，栽完后剩下的余土，在穴边修成土埂，以利灌溉和收集雨水。

## 四、栽后管理

### 1. 修剪定干

栽前没有截干的，栽植后根据干高要求在饱满芽处将以上多余部分剪去，这样可促使整形带内的芽及早萌发，有利于成活。

### 2. 埋土防寒

为了避免冬季冻害，秋栽后需立即埋土防寒。

### 3. 补水

春栽后半月内再灌一次水。秋栽苗木撤去培土之后，亦应补灌一次，浇水后需要覆土3～5cm，以利保墒。

### 4. 查苗及补植

栽植后，到夏季检查一次成活情况，已死的应及时进行补植，以保全苗。

5. 防止病虫及兽害

新栽花椒树主要有金龟子、蚜虫、凤蝶等为害，应及时防治；兽害主要是鼢鼠和野兔，应在苗木上缚上带刺的树枝或涂刷带恶臭味的保护剂，如石硫合剂渣滓等，以防兽害。也可投药灭鼠或人工捕杀。

# 第六章　花椒土、肥、水管理

土、肥、水管理是花椒园管理的基础和重点。在花椒的年管理周期中，80%的精力应放在土、肥、水管理上。

## 第一节　土壤管理

土壤深翻是花椒栽培中重要技术手段之一，土壤深翻是对土层深度不足50cm以下的硬土层，或30~40cm以下有不透水黏土层的沙地以及沙与土交互成层的河滩地，进行深翻改良。尤其是山地花椒园，土层浅，质地粗，保肥蓄水能力差，深翻可以改良土壤结构和理化性质，加厚活土层，有利于根系的生长。土壤管理主要包括深翻改土、除草松土、培土和压土等。

## 一、土壤深翻的时期

不同季节深翻效果不同。深翻改土在春、夏、秋季都可进行，春翻在土壤解冻后要及早进行。这时地上部尚处在休眠期，根系刚刚开始活动，受伤根容易愈合和再生。北方春旱严重，深翻后树木即将开始旺盛的生命活动，需及时灌水，才能收到良好的效果；夏翻要在雨季降第一场透雨后进行。

## 二、土壤深翻的方法

土壤深翻的深度与立地条件、树龄大小及土壤质地有关，一般为50～60cm，比根系主要分布层稍深为宜，土层薄的山地，下部为半风化的岩石或土质较黏重的要适当深一些，否则可浅一些。深翻改土

的方法有以下几种。

1. 扩穴深翻

在幼树栽植后的头几年内，自定植穴边缘开始，每年或隔年向外拓宽50~150cm、深60~100cm的环状沟，把其中的沙石、生土掏出，填入好土和有机质，这样逐年扩大，至全园翻完为止。

2. 隔行或隔株深翻

即先在一个行间深翻留一行不翻。第二年或几年后再翻未翻过的一行。

3. 全园深翻

除树盘下的土壤不翻外，全园土壤一次全面深翻。

## 三、培土和压土

花椒易受冻害，特别是主干和根茎部，是进入休

眠期最晚而结束休眠最早的部位，抗寒力差。所以，在北方比较寒冷的地方需进行主干培土，以保护根茎部安全越冬。培土用的土壤，最好是有机质含量较高的山坡草皮土，翌年春季把这些土壤均匀地撒在园田，可增厚土层，改良土壤结构，增强保肥蓄水能力。

坡地和沙地压土可以加厚土层，提高土壤保肥蓄水能力，在寒冷季节可以提高土温，减少根系冻害。因水土流失或风蚀而使耕作层变浅，根系裸露的椒园，压土效果更为显著。根据农民压土的经验，坡地压土如同施肥，压一次土，有效作用可达 3~4 年。

## 第二节　松土除草

在花椒树生长发育过程中，从幼树定植后的第二年就应开始中耕除草，以减少杂草和椒树互相争夺水分和养分。

除草的方法有三种：中耕锄草、覆盖除草和药剂除草，其中以覆盖除草效果最好。

## 一、中耕除草

在花椒生长季节里，及时进行中耕除草。中耕除草次数常因树龄、间种作物种类、天气状况等而不同，一般进行第一次锄草和松土应在杂草刚发芽的时候。锄草松土的时间越早，以后的管理工作就越容易。第二次松土除草应在6月底以前，因为这时候是椒苗生长最旺盛的季节，同时也是杂草繁殖最快的时期。松土锄草时要注意不要损伤椒苗的根系。在椒树栽后的前几年内，特别要重视锄草松土，第一年应当是4~5次；第二年应当是3~4次；第三年2~3次；第四年1~2次。在杂草多，土壤容易板结的地方，每次降雨或灌溉后，就应松土一次。

## 二、覆盖法除草

北方花椒产区，春季干旱，对花椒新梢生长和开花坐果影响很大。此时，若无灌溉条件，防旱保墒显得尤为重要。防旱保墒的措施很多，除整修梯田、深翻改土、加厚土层、中耕除草以外，还可以采用地面覆盖的办法，避免阳光对椒园地面的直接照射，可以有效地减少地面蒸发。

地面覆盖以覆草效果较好，覆草一般可用稻草、谷草、麦秸、绿肥、山地野草等。覆盖的厚度为5cm左右，覆盖的范围应大于树冠的范围，盛果期则需全园覆盖。覆盖后，隔一定距离压一些土，以免被风吹走，等到椒果采收后，结合秋耕将覆盖物翻入土壤中，来年再覆草。

### 三、药剂除草

用药剂除草，可以快速的达到除草的目的，但容易造成地面光秃，只有在草荒严重，椒树面积较大，才采用此法。

生产上常用的除草剂有草甘膦、氟乐灵、百草敌、西玛津、五氯酚钠、敌草隆、利谷隆、克芜踪、茅草枯等，可根据杂草的种类和除草时间选用。

## 第三节　施肥与灌水

### 一、施肥

花椒树的正常生长结果需要多种多样的营养元素。为了保证花椒树连年高产稳产，必须及时施肥补充养分，才能满足椒树生长和结果的需要。

1. 肥料使用原则

以有机肥为主，化肥为辅，保持或增加土壤肥力及土壤微生物活动。提倡根据土壤分析和叶片分析结果进行配方施肥和平衡施肥，且施用的肥料不应对椒园环境和果实品质产生产不良影响。

(1) 允许使用的肥料种类：无公害生产过程中允许使用的肥料包括农家肥料、商品肥料和其他允许使用的肥料。农家肥料按农业行业标准《绿色食品肥料使用准则》（NY/T 394—2000）中 3.4 规定执行，包括堆肥、沤肥、厩能、沼气肥、绿肥、作物秸秆肥、泥肥、饼肥等。商品肥料按农业行业标准《绿色食品肥料使用准则》（NY/T 394—2000）中3.5规定执行，包括商品有机肥、腐殖酸类肥、微生物肥、有机复合肥、无机（矿质）肥、叶面肥等。其他允许使用的肥料，系指由不含有毒物质的食品、鱼渣、牛羊毛废料、骨料、氨基酸残渣、骨胶废渣、家禽家畜加工废料、糖厂废料等有机物制成的，经农业部登记或备案允许使用的肥料。

（2）禁止使用的肥料：在无公害花椒生产中，禁止使用下列肥料：未经无害化处理的城市垃圾和含有金属、橡胶及有害物质的垃圾；硝态氮肥和未腐熟的人粪尿、未获准登记的肥料产品。

2. 肥料的种类及施肥时期

应根据花椒生物学特性及土壤的种类、性质、肥料的性能来确定，一般可分基肥和追肥两种。

（1）基肥：基肥是一年中较长时期供应养分的基本肥料，通常以迟效性的有机肥料为主，如腐殖

酸类肥料、堆肥、圈肥、绿肥以及作物秸秆等。

施基肥最适宜的时期是秋季，其次是落叶至封冻前，以及春季解冻后到发芽前。

（2）追肥：追肥又叫补肥，即在施基肥的基础上，根据花椒树各物候期的需肥特点补给肥料。一般在生长期进行，当树体营养消耗大，养分出现亏缺前，施以追肥及时补充。追肥以速效性肥料为主。幼树和结果少的树，在基肥充足的情况下，追肥的数量和次数可少。养分易流失的土壤，追肥次数宜多。另外，基肥的施用时间和数量也影响追肥的施用。秋施基肥，且施肥量多时，可以减少追肥的次数和数量。

花椒树在年周期中，生长结果的进程不同，追肥的作用和时期也不同。通常分以下阶段进行。

①花前追肥：主要是对秋施基肥数量少和树体贮藏营养不足的补充，对果穗增大、提高坐果率，促进幼果发育有显著作用。

②花后追肥：主要是保证果实生长发育的需要，对长势弱而结果多的树效果显著。此期追肥的肥料

种类要依具体情况而定，对树体内氮素营养水平高、树势健壮的植株，可以少施速效氮肥。反之，应追施足够数量的氮肥。同时要追施磷钾肥。这样既有利于果实的生长发育，提高当年的产量，又有利于花芽分化，从而保证明年的产量。

③花芽分化前追肥：花芽分化前追肥，对促进花芽分化有明显作用。此期追肥应以氮、磷肥为主，配合适量钾肥。对初结果和大龄树，为了增加花芽量，克服大小年，主要在此期追肥。花芽分化前追肥除能促进花芽分化外，还有利于椒果的发育。

④秋季追肥：主要为了补充花椒树由于大量结果而造成的树体营养亏损和解决果实膨大与花芽分化间对养分需要的矛盾，目的在于增加产量，提高品质，促进花芽分化和增加树体营养积累。追肥时间在8月中下旬至9月上旬。除施氮肥外，为了提高椒果质量，可增施钾肥。幼树、徒长树，应避免后期追肥，生长延迟，降低抗寒能力。

3. 施肥量

花椒施肥的数量，常因品种、树龄、树势、结果量和土壤肥力水平不同而异。幼龄期需肥量少，进入初结果期后，随着结果量的增加施肥量也需增加。进入盛果期后，产量急增，为了实现长期高产、稳产、优质的目标，必须施足肥料。

在生产实践中，树势健壮与否，是施肥量的主要依据；健壮的树表现是叶片宽大、叶色深、果枝粗壮、中长果枝比例在30%以上，按照各地丰产椒园的经验，花椒的单株年施肥量可参照下表。

表　花椒每年株施肥量参考表

| 树龄（年） | 厩肥（kg） | 氮素化肥（kg） | 过磷酸钙（kg） | 草木灰（kg） |
| --- | --- | --- | --- | --- |
| 3 | 10~20 | 硫酸铵 0.2~0.3<br>或尿素 0.1~0.2 | 0.3~0.5 | 1~2 |
| 5 | 20~40 | 硫酸铵 0.5~1.0<br>或尿素 0.3~0.5 | 0.5~1.0 | 3~5 |
| 7 | 50~80 | 硫酸铵 1.0~2.0<br>或尿素 0.5~1.0 | 1.0~2.0 | 5~7 |

4. 施肥方法

(1) 土壤施肥：土壤施肥方法分全园施肥和局部施肥。局部施肥根据施肥的方式不同又分环状施肥、放射沟施肥和条沟施肥等。

全园施肥：适于成年花椒树和密植花椒树施肥。即将肥料均匀撒于园地。然后再翻入土中，深度20cm左右。一般结合秋耕和春耕进行。也可结合灌水施用氮肥或液态肥料。

环状施肥：是以树干为中心，在树冠周围挖一环状沟，沟宽20~50cm，深度要因树龄和根的分布范围而异。幼树在根系分布的外围挖沟时，沟可深些；大树根系已扩展得很远，在树冠外围挖沟，一般以深20~30cm为宜，以免伤根过多；挖好沟以后，将肥料与土混匀施入，覆土填平，幼龄花椒树根系分布范围小，多采用此法施肥。

放射状施肥：根据树冠大小，距树干1m左右处开始向外挖放射沟6~10条。沟的深度、宽度与环状沟相同，但需注意内浅外深，避免伤及大根。沟的

长度可到树冠外围。沟内施肥后随即覆土。每年挖沟时，应变换位置。此法伤根较少，施肥面积较大，适于成年花椒树应用。缺点是丛状树冠工作不方便，易伤大根。

条状施肥：在花椒树行间开沟，施入肥料，也可结合花椒园深翻进行。在宽行密植的花椒园常采用。也便于机械化施肥。缺点是伤根多。

穴状施肥：施肥前，在树冠投影的2/3以外，均匀地挖若干个小穴，穴的直径50cm左右，然后将肥料施入，用土覆盖。这种施肥方法多在椒粮间作园或零星椒树追肥时采用。

施肥的深度要从多方面考虑。要根据大量须根的分布深度来确定。施肥深度还要考虑肥料的种类和性质。不易移动的磷、钾肥应深施，而容易移动的氮肥应浅施，氮素化肥可浅施，有机肥宜深施。如为了引根向下，可以与深翻改土结合施肥。此外，还要考虑减少肥料的流失。保肥力强的壤土、黏土可深施，沙地在多雨季宜浅施。

（2）根外施肥：也叫叶面喷肥，花椒树除土壤施肥外，也可以将肥料喷到叶上或枝上，这种方法称为根外施肥。根外施肥的优点如下。

①干旱、缺雨，又无灌溉条件的情况下，不宜土壤追肥时，可以根外追肥。

②肥效快：叶面追肥 2h 后即可被吸收利用，而且在各类新梢中的养分分布，比根部施肥均匀，对弱枝更为有利。

③易被土壤固定的元素如磷、钾、铁、锌、硼等。用叶面追肥的方法效果快而节省肥料。

④叶面追肥可以结合喷药进行，节省劳力。

⑤花椒间种作物，土壤施肥不便时，可以进行叶面追肥。根外追肥虽有许多优点，但只能作为土壤施肥的补充，大部分的肥料还是要通过土壤施肥供应。

在花椒开花坐果期及果实膨大期，难以用土壤施肥时，采用叶面喷肥可大大提高产量。具体做法如下。

①花期前，4 月中旬喷施 0.3%～0.5%尿素与 0.3%磷酸二氢钾的混合水溶液，或 0.3%～0.5%的

尿素水溶液一次，或间隔 7~10 天再喷施 2~3 次。

②枝条再度生长期，7 月中下旬至 8 月上旬按上述方法第二次喷肥，即能收到增产的效果。实践证明，叶面喷肥可使坐果率提高 7.56%，每果穗结果粒数增加达 86.6%，单株平均增产 33.7%。

实施叶面喷肥，水溶液中的含肥量一般不要超过 0.5%，否则会因喷肥量过大，叶片、嫩梢和花穗会干枯脱落，严重时植株死亡，出现烧死现象。喷肥时间最好选在傍晚时或清晨，以免气温高，溶液很快浓缩，影响喷药效果和导致叶片受害。根外追肥施用的肥料种类很多，实践证明，以尿素和磷酸二氢钾效果较好。其施用浓度在前期叶片幼嫩时浓度要低，后期浓度可高些。喷洒时，叶片正面和背面都要喷匀，掌握在以雾粒附满叶面，又不滴水为好。

5. 间种绿肥

间种绿肥是经济利用土地、解决花椒园有机肥料的好方法。

绿肥作物大都具有强大的根系，生长迅速，可以吸取土壤较深层的养分，起到集中养分的作用。残留在土壤中的根系腐烂后，有利于改善土壤结构和增加土壤有机质。在坡地和沙地种植多年生绿肥作物，可以防风、固沙、保持水土。据报道种植绿肥的土地，比休闲地减少地面径流 79.92%，减少冲刷量 62.67%。

绿肥压青或刈割的时期，应掌握鲜草产量最高和肥分含量最高时进行，时间过早，鲜草产量低；时间过晚，植株老化，腐烂分解难。一般来说，以初花期和盛花期压青或刈割为宜。

## 二、灌水

花椒比较耐旱，对水分的要求不甚严格，一般年降水量 500mm 以上，而且分布比较均匀，就可以基本满足花椒生长发育的要求。但降水量少或分布不均匀时，则需进行灌水。我国北方在春季花椒生理机能旺盛时期常发生干旱，致使叶片萎蔫，落花落果严重，果粒变小，产量下降。因此，适时灌水，

对促进树体生长发育，提高产量和品质具有重要作用。

灌水的时期和次数，应视天气状况、土壤含水量和水源条件而定。一般适于花椒生长发育的土壤田间最大持水量在60%～80%范围内，根据花椒生长发育的特点，主要的灌水时期有以下几种。

1. 萌芽水

主要满足发芽、开花、坐果的需要。花椒在春季生理活动旺盛，从3月下旬萌芽后1个月内，完成展叶、抽梢、花序伸长、开花坐果等过程，对水分需求量大。同时，春季正是北方干旱少雨季节，如冬季降雪少，则应进行灌水。灌水的时间一般在3月下旬，这时土壤温度尚低，一次灌水量不宜过大，以免降低土温，影响根系发育。

2. 花后水

一般在谢花后两周左右灌水。这时，花椒幼果迅速膨大，又是发芽分化和果实营养充实期前，树体对水分比较敏感，是花椒年生长发育周期中需水的临界期，对水分的需求量大，这一时期，我国北方降水量少，蒸发量大，水分不足时会影响新梢生长和果实发育，落果严重，产量和品质下降。

3. 秋前水

北方花椒产区，8—9 月常发生秋旱，结合施基肥，灌足灌透，可以促进肥料分解，防止提早落叶，有利于提高花芽质量和树体的养分贮藏。

4. 封冻水

花椒根系较浅，冬季常发生冻害。灌足越冬水，不仅可以满足整个休眠期花椒对水分的需要，而且可以增强树体抗寒越冬能力。

花椒的耐水性很差，对地面积水和地下水位过高很敏感。从调查中看到，花椒浸水 5 天时，叶片变黄，开始萎蔫；7 天时叶片全部萎蔫并开始脱落；浸水 10 天时植株死亡。地表积水和水涝，土壤通气不良，使根系呼吸作用受到抑制，以致窒息而死亡。

因此，在容易积水和地下水位高的地方，要注意排水工作。

## 第四节 椒粮间作

在幼龄花椒园或花椒树覆盖率低的花椒园，可以在花椒树行间间种作物。花椒间种作物，能起到覆盖土壤，防止土壤冲刷，减少杂草为害，增加土壤腐殖质和提高土壤肥力的作用；同时可以合理利用土地，达到“以园养田”“以短养长”的目的。

间种作物也有一定缺点，容易产生与花椒树争夺水分、养分和阳光的不利影响。但是，如果间种作物种类选择适宜，种植得当，则可以使不利影响降低到最小程度。

优良的间种作物应具备下列条件：一是生长期短，吸收养分和水分较少，大量需水、需肥时期和花椒树的时期不同。二是植株较矮小，不影响花椒树的光照条件。三是能提高土壤肥力，病虫害较少，不增加花椒树的病虫害。四是间种作物本身经济价值较高。

常见的间作种类如下。

1. 豆类

适于间作的豆类作物有花生、绿豆、大豆、红豆等。这类作物一般植株较矮，有固氮作用，可提高土壤肥力，与花椒树争肥的矛盾较小。

2. 薯类

主要为甘薯（又名白薯、地瓜）和马铃薯、甘薯初期需肥水较少，对花椒树影响较小，后期薯块形成期，需肥水多，对生长过旺树，种甘薯可使其提早停止生长，但对大量结果的大树，容易影响后期的生长。马铃薯的根系较浅，生长期短，且播种期早，与花椒树争光照的矛盾较小，只要注意增肥灌水，就可使二者均能丰收，是平地水、肥条件较好的花椒园常用的间种作物。

3. 蔬菜类

蔬菜耕作精细，水肥较充足，对椒树较为有利。但秋季种植需肥水较多或成熟期晚的菜类，易使花椒树延长生长，对花椒树越冬不利，造成新梢“抽干”或枯死；同时容易加重浮尘对花椒树枝条的为害。因此，间作蔬菜时应加以注意。

# 第七章　花椒的整形修剪

合理的整形修剪，不但可使树林骨架牢固，增强抗风力，提高负载量，而且枝条分布合理，层次分明，通风透光，提高光能利用率，同时可调节营养物质的制造、积累和分配，调节生长及结果的平衡关系，减少病虫为害，提高花椒产量和质量，达到高产、稳产、优质的目的。

## 第一节　修剪时间

一般整形修剪时期可分为：秋、冬季修剪和夏季修剪两个时期。

秋、冬季修剪是指秋季采椒后到来年春季发芽前的这段时期的修剪。夏季修剪是指从春季开始生长到采椒完这段时间的修剪。

秋季采椒后修剪利于改善光照，提高光合效率，增加养分积累，促进花芽分化，以利于形成饱满的花芽，且不易萌发徒长枝；冬季修剪从树液停止流动后开始进行，这样可以减少养分损耗，即在养分由枝芽向根系运送结束之后，而没有再由根、干运回至枝、芽之前的这段进间内进行。

夏季修剪即在营养生长期进行，这样可调节养分分配运转、促进坐果和花芽分化。

## 第二节　修剪方法

秋冬季修剪通常多采用截、疏、缩、甩放、撑、拉、别等方法。夏季修剪一般采用开张角度、抹芽、除萌、摘心、扭梢、拿枝、刻伤、环剥等方法。

## 一、短截

即将一年生枝条的一部分剪去。主要是短截旺盛营养枝、徒长枝及衰老的主枝、侧枝，短截依据剪留枝条的长短，可分为轻、中、重和极重短截。

1. 轻短截

剪去枝条的1/4~1/3。截后易形成较多的中、短枝，单枝生长较弱。

2. 中短截

在枝条春梢中上部分的饱满芽处短截，即剪去枝条的1/2。截后易形成较多的中、长枝，成枝力高、单枝生长势较强。

3. 重短截

在枝条的中、下部分短截。截后在剪口下易抽1~2个旺枝，生长势较强，从而更新枝冠、复壮

树势。

4. 极重短截

截到枝条基部的弱芽上，能萌发 1~3 个短枝，成枝力低，生长势弱。

5. 戴帽

即在春秋梢处或在先一年和当年生的枝节处下剪。

戴活帽：在春秋梢节处，留 1~2cm 剪截，促发结果短枝。

戴死帽：在春秋梢的正中央剪截，使下部促发侧枝，利用空间。

## 二、疏剪

即将枝条从基部剪去，主要是疏除过密枝、交叉枝、重叠枝、纤弱枝、干枯枝和病虫害枝等。

## 三、撑、拉、垂

即将开张角度小的或直立枝，采用这些方法使其改变成水平或下垂方向生长的措施。

## 四、环剥

此法对促进花芽形成效果很好。由于花椒树花芽形成较一般果树容易，所以采用半环剥即可。时间应不迟于6月上旬，剥口的宽度一般为枝条或主干的1/10。环剥树一般隔2~3年后，仍然营养生长旺盛时再剥一次。同时可对环剥枝进行叶面喷肥，以提高环剥效果。

## 五、摘心

可分为轻、重摘心。

1. 轻摘心

即在5—7月间，摘去枝条顶端嫩梢5cm左右，主要用于结果旺树，目的是抑制旺盛的营养生长，促进花芽形成。轻摘心应进行多次，方可达到目的。

2. 重摘心

即摘除到枝条的成熟部位，一般摘除5~7个叶片的枝条长度，主要用于幼树整形。

## 第三节　不同树龄的整形修剪

### 一、幼树的整形修剪

目前多采用两种丰产树形。

1. 多主枝丛状形

该树形修剪轻、成形块、结果早、抗风、产量高，主干害虫为害后，不至于全株死亡。该树形无明显主干，从树基着生3~5个方向不同、长势均匀的主枝。主枝上着生1~2个侧枝，第一侧枝距树基50~60cm，第二侧枝距第一侧枝60~70cm，同一级侧枝在同一方向，一级侧枝、二级侧枝方向相反，主侧枝上着生着结果枝。

2. 自然开心形

该树形具有成形快、结果早、通风透光、抗病虫害、产量高等优点。目前生产上一般采用该树形。该树形有明显主干。定植后，在发芽前距地30~40cm有好芽的部位定干，定干的当年，整形带就能发出三个以上枝条，这些枝条到6月上中旬，新梢可长到30cm，这时即可确定3个主枝，进行摘心、培养侧枝，其余新梢全部摘心，并采用拉、垂等方法，控制生长，作为辅养枝。

第二年春，对选留的主枝，采用拉、别等方法开张角度，均达到理想，再疏除原留辅养枝。当主枝延长头长到40~50cm时摘心，培养二级侧枝，8月中下旬再次对生长量超过 50cm 的枝进行摘心，促发小枝。

第三年春对 50cm 以上枝条剪截 1/3，即可形成花芽。

注意：同级侧枝选留在同方位，二级侧枝与一级侧枝方向相反，一级侧枝和二级侧枝方位相同。

## 二、初果期树的修剪

一般 3~6 年的树均为结果初期。该时期修剪主要是以疏剪为主，使其迅速扩大树冠，同时多留小枝；对弱枝短截，促发壮枝，但要轻短截，一般剪去枝条的 1/3 或 1/4。该时期修剪的目的在于适量结果的同时，继续扩大树冠，培养好骨干枝，保持树势的平衡，完成整形，促进结椒，合理利用空间，为盛果期稳产、高产打基础。

具体要求如下。

（1）凡有空间和生长平、斜的枝缓放。

（2）过旺、直立枝可拉、别、垂枝或剪截。

（3）过密枝疏除，以调整光照和营养。

（4）重叠并行枝可去一留一，去直立、留平斜，并根据空间大小进行回缩或弯、拐、别等。

（5）主侧枝两侧及背下和背上的平、斜枝、生长缓和枝应缓放。

## 三、盛果树的修剪

一般 7 年以上的树即进入盛果期。该时期以短截为主。通过短截不断更新结果枝组，对郁蔽度大、通风透光不良的枝，可疏除部分大枝组，但不宜大动大砍，不宜进行重截。其目的在于维持健壮而稳定的树势，继续培养和调整各类结果枝组，维持连续结果能力，实现树壮、高产、稳产。

修剪时应注意以下几个方面。

### 1. 大、中、小结果枝组的比例

要大约保持在 1∶3∶10。

（1）要采取抑强扶弱的修剪方法，维持良好的

树体结构。

（2）在枝条密集时，要疏除多余的临时性辅养枝，有空间的可回缩改造成大型结果枝组。

（3）永久性辅养枝要适度回缩和适当疏枝，使其在一定范围内长期结果。

（4）结果枝的修剪，以疏剪为主，疏剪与回缩相结合，疏弱留强、疏短留长、疏小留大、疏除病、虫害枝。

2. 夏季修剪

对生长旺盛的营养枝、徒长枝进行多次摘心，减少营养消耗，促进果实生长和来年丰产。对营养生长旺盛，结果少的树，可进行环剥，抑制营养生长、促进花芽分化，对基角小的主枝，采用别、拉、垂等方法开张主枝角度，以促进其结果。

## 四、衰老树的修剪

25 年以上的树，即进入衰老期。该时期修剪以重剪为主，以达到及时而适度地进行结果枝组和骨干枝的更新复壮，培养新的枝组，延长树体寿命和结果年限。

修剪时应注意以下几点。

（1）疏除部分大枝或对枝组分次进行回缩，利用抽出的新梢重新培养枝组，延长结果寿命。

（2）对长势过弱的衰老树，进行树体更新。即从基部距地面 10~20cm 处锯掉，促使从根部萌发新梢，再重新整型培养新株。

具体方法为："四疏、四保"，即疏除细弱枝，保留健壮枝；疏除下垂枝，保留背上斜生枝；疏除病虫干枯枝，保留健康枝；疏除回缩衰老枝，保留新生枝。

# 第八章　花椒主要病虫害防治

花椒抗性强，在气候正常、管理优良、预防措施到位的情况下，病虫害发生率很低。但在水肥管理缺失、树体衰弱、预防措施不到位的情况下，也容易发生病虫害。要减少花椒病虫害的发生率，必须做好两方面的工作。一是要加强管理，特别是土肥水管理，培养健壮树体，增强树体抗性；二是要做好病虫害预防工作，秋季椒树落叶后结合清园工作要喷洒一次波尔多液，春季花椒萌动后喷洒一次石硫合剂。这两方面工作做好了，就可以大大降低花椒园的病虫害发生率。下面介绍几种花椒常见病虫害的防治方法。

# 第一节　花椒“蚧壳虫”

## 一、蚧壳虫类的主要特征

该虫主要为害花椒嫩芽。2月下旬，初孵若虫（昆虫学上把不完全变态的昆虫称为若虫，下同）为橘黄透明，取食后渐渐变为肉红色。4月中旬雌虫羽化结束，产卵主要部位在叶背，4月下旬，为产卵盛期，卵期15天左右。雌成虫产卵时其尾部形成白色棉絮物，边产卵、边向前移动形成卵束，所以我们直观看到的是白白一块，用手指一抠，即发现里面全是白色卵粒。

## 二、依年生活史

提出防治方法如下。

1. 出蛰期（2 月下旬至 4 月中旬）

从 3 月初开始，每日田间观测 2～3 次，当若虫大量出蛰（40%～50%出蛰）之日起开始喷药。

（1）喷“蚧壳速杀”或“蚧死净”800～1 000倍液。

（2）“久效磷”1 000 倍液＋“种衣剂”500倍液。

（3）40%氧化乐果 1 500倍液+等量“害立平”。

（4）“水胺硫磷”1 500倍液+等量“害立平”。

（5）“速扑灭”1 000倍液+2%洗衣粉或“多来宝”600 倍液。

2. 卵期（4 月下旬至 5 月中旬）

（1）“水胺硫磷”1 500 倍液+等量“害立平”。

（2）“久效磷”1 000 倍液+等量“害立平”。

3. 若虫期：（6 月下旬至 10 月下旬）

（1）“蚧壳速杀”或“蚧死净”800 倍液。

（2）“灭扫利”2 000倍液。

（3）“水胺硫磷”1 500倍液+等量“害立平”。

4. 越冬期（在树木休眠期内）

（1）3~5波美度石硫合剂。

（2）“威力杀灭”800倍液。

（3）“蚧死净”800倍液。

另外，在出蛰期或若虫期（3月上中旬）也可将“蚧壳速杀”“威力杀灭”等药物配成1∶3的药液进行树干刻伤涂茎。用25%杀虫双水剂或40%乐果乳油注干，即在有虫株干基部打孔3~4个，注入药液2ml左右，再用黏土堵孔。

## 第二节　花椒窄吉丁

该虫主要以幼虫取食韧皮部，以后逐渐蛀食形成孔，老熟后向木质部蛀化蛹孔道。若虫取食椒叶补充营养，被害树皮大量流胶，直至软化、腐烂、干枯、龟裂，最后脱落，严重时破坏输导组织，中断

树体营养、水分供应，导致椒树死亡。

生活史与习性：一年一代，以幼虫在枝干和木质部或皮下越冬。第二年4月上旬开始活动，中下旬达盛期，4月下旬至6月下旬为化蛹盛期，5月下旬至7月上旬为成虫羽化出洞及产卵盛期，6月下旬到8月上旬进入幼虫孵化盛期，幼虫期达10个月以上。以4月、6月为该虫为害严重期。

## 一、4月下旬至5月上旬

越冬幼虫流胶期和6月上旬的初孵幼虫钻蛀流胶期。

用钉锤、石块等锤击流胶部位，砸死幼虫。然后用小刀将流胶部位的干枯、龟裂、腐烂或面积较大的胶疤一同刮掉，刮至好皮，然后涂抹20～50倍液的氧化乐果。

## 二、5月中旬至6月下旬向树冠喷药

如氧化乐果、速灭杀丁、敌杀死等800~1 000倍液；7天1次，连喷2~3次杀成虫。6月幼虫孵化盛期，用50~100倍液氧化乐果或久效磷等有机磷农药进行喷干，7~10天1次，连喷2~3次，杀初孵幼虫。

# 第三节　花椒蚜虫

该虫一般一年可繁殖20~30代，以卵在花椒树上寄生越冬，第二年3月孵化后的若蚜，在树上繁殖2~3代后，产生有翅胎生蚜，有翅蚜4月、5月间飞往棉田或其他寄生树上产生后代并为害，滞留在花椒上的蚜虫至6月上旬后即全部迁飞。8月又有部分翅蚜从棉田或其他寄生树上迁飞至花椒上第二次取食为害。

一般10月中下旬迁移蚜便产生性母，性母产生

雌蚜，雌蚜与迁飞来的雄蚜交配后，在枝条皮缝、芽腋、小枝丫处或皮刺基部产卵越冬。

防治方法如下。

## 一、生物防治

保护天敌，即保护和利用天敌，在5月上旬，早晨用捕虫网在麦田捕捉七星瓢虫等成虫、幼虫，回放到椒树上，瓢蚜比为1：200即可；也可在椒树上喷洒人工蜜露或蔗糖液，以引诱七星瓢虫等天敌。

## 二、药剂防治

（以背复式喷雾器为例说明）喷雾器装水为15kg，每桶对药如下。

灭扫利8ml；氧化乐果15ml；辉丰快克15ml；凯速达8ml。

害虫大发生时，可采用复混农药，即氧化乐果15ml+种衣剂10ml；灭扫利8ml+种衣剂8ml；久效磷

15ml+敌敌畏 8ml。

### 三、尿洗合剂

尿素：洗衣粉：水=4：1：400。

### 四、树干涂药法

时间为 3 月上中旬。

距树干基部 20~30cm 处，刮去老皮，涂药 15~20cm 宽，然后用塑料纸包扎。

用药为：甲胺磷：水=1：20。

## 第四节 花椒跳甲

俗称红猴子、小红牛，是椒区常见的叶部害虫。在韩城市一年发生两代，其成虫在树冠下松土内或枯枝落叶及树缝中越冬。翌年 4 月上中旬花椒芽绽开时，开始出土取食，4 月下旬至 5 月上旬为出土盛

期，出土末期为5月下旬至6月上旬，成虫取食高峰在10~16时，夜间在叶背栖息。

其防治方法如下。

### 一、地表喷药

用20%辛硫磷粉剂，每4kg/hm²喷洒地面，或20%杀灭菊酯乳油150倍液地面喷雾2~3次，间隔期5~7天。

### 二、树冠喷药

2~3次，间隔期7~10天。使用农药为40%氧化乐果800~1 000倍液；5%辛硫磷1 000~1 500倍液；“1605”1 500~2 000倍液；杀螟松200倍液。

## 第五节　花椒凤蝶

一般一年发生2~3代。4—10月均有成虫、卵、幼虫和蛹出现，成虫日间活动，幼虫为害叶片，6月下旬至7月上旬为又一个大发生期。

防治方法如下。

一是喷80%敌敌畏乳剂1 000倍液；二是喷氧化乐果1 000倍液。

## 第六节　干腐病（流胶病）

花椒干腐病是常伴随窄吉丁虫而发生的一种严重枝干病。发病初期，病斑不明显，被害处表皮呈红褐色。随着病斑的扩大，呈湿腐状，病皮凹陷，并有流胶出现，病斑变成黑色，长椭圆形。剥开病皮可见白色菌丝体布于病变组织中，后期病斑干缩、龟裂，并出现许多橘红色小点，即为分生孢子座。老病斑上常有黑色颗粒产生，为子囊壳。大型病斑可长达5~8cm。往往造成大面积树皮腐烂，使养分运输受阻，因而病枝上，叶子发黄，最后整枝整株枯死。

防治方法如下。

1. 加强管理，增施有机肥

增强树势，搞好防冻、防虫、防日灼，减少病菌入侵，并及时修剪、清除带病枝条，以防虫促防病。

2. 采用刮治法

即对发病部位用刀片等刮除病斑，深到木质部，然后在伤口处涂抹50%托布津500倍液。

3. 每年4—5月以及采椒后

对全园喷1：1：100倍波尔多液或“大清罗”及托布津、80%抗菌素（402）1 000倍液进行防治。

## 第七节　花椒锈病

该病一般在6月中下旬开始发病，7—9月为发病盛期，并且是树冠下部叶子首先发病。发病初期叶背面生有圆形点状淡黄色的病斑，随着病斑扩大，呈现出黄褐色状物，呈环状排列，被害叶片正面失绿，严重时造成大量落叶。

防治方法如下。

一是发病初期细喷一次等量式100倍波尔多液；二是发病盛期喷65%的代森锌500倍液2~3次，或喷0.1~0.2波美度的石硫合剂。

## 第八节　炭疽病

该病主要为害果实。发病初期，果实表面有数个褐色小点，呈不规则状分布。后期病斑变成褐色或黑色，圆形或近圆形。中央下陷。每年6月下旬至7月上旬开始发病，8月进入发病盛期。

防治方法如下。

一是加强椒园管理，并注意椒园通风透光；二是6月中旬可喷一次1：1：200倍的波尔多液或50%退菌特800倍液。发病盛期，可喷1：1：100倍的波尔多液或50%退菌特600倍液。

## 第九节　枯梢病

该病主要为害当年小枝嫩梢。初不明显，嫩梢只是失水萎蔫状；后期嫩梢枯死、直立，小枝上产生灰褐色长形病斑。病斑上许多黑色小点，略突出表皮。6 月下旬开始发病，7—8 月发病盛期。

防治方法如下。

一是发现枯梢，及时剪除烧毁；二是发病期，喷 70%托布津 1 000 倍液，或 65%代森锌 400 倍液；40%福美砷 800 倍液。

# 第九章　采收、干制和贮藏

## 第一节　采　收

由于品种不同，成熟期又有差异，如“小红袍”在 7 月下旬左右成熟，而“大红袍”要在 8 月上旬成熟。成熟的标志是：当果实全部变红，果皮上的椒泡突起呈半透明状态，种子完全变成黑色即为成熟。此时即可采收。一般采收按先阳坡后阴坡采收。

另外应注意：一般以晴天采收为好，有利于晾晒。方法以手摘为宜，也可用机械采摘器具，以提高采收效率。采收花椒时应切记：一是不要用手捏

着椒粒采收，以防手指压破油泡，造成干后色暗，影响品质，降低商品价值；二是摘椒时不能连枝叶一起摘下，破坏果实生长点，影响来年产量。

## 第二节 干 制

### 一、天然晾晒

采下的花椒应立即摊在阳光下的地块或席子上晾晒。晾晒的果实应在3~4个小时，用木棍轻轻翻动一次。切记不要用手翻。因为手汗，影响色泽。晾干后将果皮和种子分开，除去杂质，按品种级别分类装袋密封保存。

注意：作种子用时，不要放在水泥地面上晾晒，以免烧坏胚芽，影响种子发芽率。

## 二、人工干制

经过试验，现已有几种方法：如烧炉子、电风扇吹风、热风炉等均可，但一般应有4~5个小时的干制时间，这样干制的花椒与天然晾晒出来的花椒色泽上没有多大差别。

# 第三节　贮　藏

## 一、分级

采用花椒精选机或人工法进行分级。分级能做到优质优价，提高花椒商品价值。所以应按品种、按质量进行分级。

## 二、保存

晾干后的花椒果实经过分级，若不及时出售，可将其装入新麻袋或提前清洗干净的旧麻袋。采用双包袋（必须是聚乙烯类），这样既卫生、隔潮，还不易走色和跑味。装好后将麻袋口反叠，并缝合紧密，最后在麻袋口挂上标签，注明品种、等级。应注意不要用装过化肥、农药、盐、碱等物品的包裹物装花椒。

## 三、贮存

为避免走味、脱色，应防潮、防晒、防止与其他产品串味，所以在贮存时，要选择干燥凉爽的房间，并要有垫木。严禁和农药、化肥混放在一起。

# 主要参考文献

谢寿安 . 2017. 花椒丰产栽培及病虫害防治实用技术［M］. 杨凌：西北农林科技大学出版社 .

姚忙珍 . 2016. 花椒高效栽培管理技术［M］. 杨凌：西北农林科技大学出版社 .

张和义 . 2017. 花椒优质丰产栽培［M］. 北京：中国科学技术出版社 .